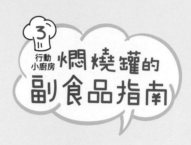

行動
小廚房

3

燜燒罐的
副食品指南

1
Chapter 湯品 022

寶寶的第一個階段的副食品一定要流質，不含渣的。在這一篇裡，包括做最簡單的湯，再由濃湯到讓寶寶可以練習咀嚼的湯。

2 Chapter

食物泥與配菜 042

食物泥是寶寶在湯之後，可以開始比較接近固體食物的第一步，在這階段父母完全得看寶寶的咀嚼能力來決定要讓食物較稀或可以開始稠一點；爾後的配菜是在寶寶開始比較會用牙床來咬食物時所設計。由於此時寶寶開始會自己用手拿食物吃了，因此食物不能太過軟爛。此時他們也會開始對單一的食物失去興趣，可以製作一些簡單的醬料讓寶寶搭配。

Chapter 3　主食　　　　　　　　　　084

從第一道流質副食品米湯開始，很多寶寶在一歲多之後可以吃的東西跟吃的能力已經很成熟了，有些寶寶甚至可以吃乾飯，不過即便如此，餐廳的食物往往還是太過油膩或者太鹹，本章節提供一些，帶著一歲後的寶寶外食時，可以輕鬆準備的清淡健康主食。

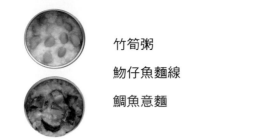
4 Chapter 飲料與點心　　　　　　　108

市售的甜點或飲料，都可能含有較多的添加物，或者太甜，並不適合寶寶的味蕾及健康，避免給予寶寶太多的市售餅乾和糖果也是養成寶寶良好飲食習慣的根本。在這一章節，有最簡單的水果茶飲，也有冰涼的甜點，當然也有適合冬天吃的甜點，爸媽們可以自己調整甜度。

自序

新手父母的好幫手

「行動小廚房」系列，不知不覺已經邁入第三集了！這次，我們回到許多人初步認識燜燒罐的最強大功能——製作副食品。

剛開始提出這個企劃時，團隊裡的媽媽成員笑說，小廚房的第一集不是曾經寫著，燜燒罐不只是拿來製作副食品嗎？豈不是自打嘴巴，夥伴們聽了都大笑。話是這樣沒錯，但眼見身邊越來越多朋友們懷孕生子，本持著「美好生活促進會」以簡便、人人可以輕鬆學會享受美食的原則，我們決定涉入副食品的領域。

尤其幾次觀察身邊的朋友，發現燜燒罐對家裡有0至2歲小朋友的家庭很重要，特別是外出旅行時，父母時常要大包小包帶著準備孩子們的食物。之前員工旅遊，也曾看著同事四處詢問哪裡有熱水啊，或者可以簡便料理的器具。當時不免想，只要有燜燒罐，就便利很多！只要有燜燒罐，就不用這麼辛苦了！

所以回到台灣時，提出了這次的企劃，希望可以一解新手父母們的憂慮。

在研究副食品的過程中，也了解了父母們的辛苦，要顧及小朋友們的咀嚼能力、食物過敏、營養健康還要兼具美味，比我們平日打理自己的飲食還有辛苦很多倍！也曾在初步食譜提出時，不解的問團隊中的媽媽成員，才知道，原來小朋友要一種單一食品試了三次以上確定不會過敏後，才可以慢慢添加其他食物。為此我們也為了讓小朋友們吃得開心，尋找了很多替代的調味料，譬如利用米精代替太白粉、研發代替美乃滋跟千島醬的沾醬讓小朋友在吃蔬菜的過程，更覺得有樂趣。

有著美好的一餐，才會有美好的一天！希望各位新手父母們，會喜歡我們這次的副食品料理，說真的，這些食譜們，有些也挺適合大人吃的啊！

燜燒罐了解指南

燜燒罐雖然方便，但在開始使用之前，要好好做功課了解燜燒罐的習性，才能大大增加成功機率囉！只要了解特性之後，就會發現，這些為什麼會失敗的問題，比想像中容易！

⬠ 燜燒罐 構造

上蓋
（隔熱構造）

內蓋

高真空保溫效果

本體內側

真空　外側

熱　熱

和不銹鋼保溫杯同樣的高保溫、高保冷效力！

本體

THERMOS

● 密封不漏水！　　● 隔熱構造！　　● 方便打開！

⬟ 使用規則

食物、飲品最多可盛裝位置如圖所示，請勿過量盛裝，
以避免在旋緊上蓋時，致使內容物溢出而導致燙傷。

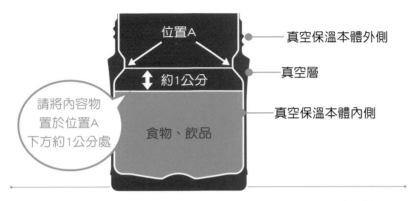

位置A

↕ 約1公分

真空保溫本體外側

真空層

真空保溫本體內側

食物、飲品

請將內容物
置於位置A
下方約1公分處

使用小撇步   為了達到最佳保溫效果，使用前請先加入少量熱水（冰水），
預熱（預冷）1分鐘後倒出，再重新注入熱（冰）水，即可加
強保溫（保冰）效果。

⬟ 使用步驟

1. 放料：將食材及沸水放入。

2. 預熱：充分搖勻，使熱氣充滿罐中(預熱動作)。

3. 濾水：打開上蓋，將熱水濾出。

4. 燜燒：倒入約八分滿沸水，旋緊上蓋開始燜燒。

5. 靜置：靜置燜燒，待烹調時間結束即完成。

燜燒
小撇步
- 燜燒料理使用的沸水需為100度C的沸水。

- 所有食材請務必解凍且最好恢復到室內溫度(如雞蛋)，避免食材
  溫度過低，不易燜熟。

- 預熱時，請讓食材與沸水在罐中同時預熱，熱水濾出後，再重
  新加入沸水至八分滿後旋緊上蓋，以避免後來加入的食材降低
  燜燒罐中的溫度，而使食材不易燜熟。

⬠ 注意事項

1. 乳製品不宜放置太久，可能會導致內容物腐敗。建議要放在燜燒罐的乳製品，需要「烹煮」過（譬如濃湯，但也須盡快食用完畢）。
2. 避免檸檬汁、酸梅汁等酸性飲品，以防影響燜燒罐保溫功能。
3. 避免乾冰、碳酸飲料，以防內壓上升，導致上蓋無法開啟，或是內容物噴出、上蓋損壞等危險。
4. 避免盛裝易腐敗的生食，以防發生食物變質腐敗，而造成身體的不適。
5. 若盛裝含鹽份的食物及湯品，需盡快食用完畢，燜燒罐不是保存收納盒，未吃完的東西要取出放在冰箱保存喔！

⬠ NG！千萬要小心的錯誤

1. **請勿將燜燒罐放入烤箱、微波爐、烘碗機等電子產品中使用！**
   燜燒罐為金屬材質器皿，若放入烤箱、微波爐中會產生火花，可能造成危險。
2. **不要把燜燒罐置於高溫熱源旁**
   以免導致變形、變色、烤漆脫落。
3. **不要將各配件置於沸水中煮沸**
   以免高溫而造成各配件變形，導致滲漏、污染等情形產生。
4. **避免掉落、碰撞或強烈撞擊**
   若經碰撞後，可能會導致產品變形、損壞、影響其保溫功能。
5. **不要使用稀釋劑、揮發油、金屬刷、研磨粉等進行清洗**
   可能會產生擦傷、生銹等不良影響。
6. **不要使用漂白劑清洗真空保溫本體或本體外側**
   可能會影響保溫、保冷功能或導致烤漆、印刷脫落。
7. **清洗時，不要將燜燒罐整體浸泡於水中**
   水份若滲入金屬、塑料之接合縫隙間，可能會導致生銹或影響保溫、保冷功能。
8. **不要將熱食盛裝於燜燒罐過久**
   盡量於6小時內食用完畢，以防發生食物變質腐敗。

不怕失敗 Q & A

了解完燜燒罐之後，接下來是有關本書建議在使用燜燒罐時的準備問與答！當讀完之後，就可以開始下廚囉！

Q： 燜燒罐料理要準備什麼樣的工具呢？

A： 本書副食品指南使用到的工具有燜燒罐、食物壓模器、食物調理棒(食物研磨器)、榨汁器、刨絲刀、食物剪、當然還有適合寶寶的餐具。在為寶寶料理食物泥時，食物調理棒或調理機是非常好的工具，但對於帶著寶寶外出的父母來說，還是會有攜帶的不便，因此建議除了電動的調理器以外，可以準備簡易的食物研磨盒，方便外出或旅遊時使用

Q： 我的燜燒罐尺寸跟食譜寫的不一樣可以用嘛？

A： 本書會註明適合的尺寸，你可以按照比例增減，不過建議以食譜上的尺寸烹調尤佳，若是小尺寸又深怕烹煮時間太久或者失敗，可以將食材略煮滾後，再放入燜燒罐燜煮（比例以及時間的烹煮方法可參閱P.19 白粥製作方法）

300ml　　　　500ml　　　　720ml　　　　3.0L

Q： 怎樣才是適合的食材大小呢？

A： 輕、薄、短、小是大原則，食物盡量切小丁（2公分尤佳）、剪細時為3～5公分；麵條控制在7公分左右，這樣才能方便導熱。

3

Q： 建議採買那些廚房常備品呢？

4

A： 本書是以副食品為主，建議寶寶在開始吃副食品之後，除了白米、麵條、麵線等主食是必備之外，可購買一些乾貨，如乾干貝、香菇、白木耳、金針、紫米、小米等來存放，上市場買菜時，也可盡量採買易保存的蔬菜水果：如紅蘿蔔、番薯、南瓜、山藥、高麗菜、蘋果、水梨……常備在廚房或冰箱，隨時可運用。料理之前，還是得注意食材是否有過期或腐敗喔。

Q：燜不熟該怎麼辦呢？

A：相信這是大家都很擔心的問題，切記，不要因為擔心而中途就
打開來查看，因為燜燒罐是運用保溫導熱來進行烹煮，打開之
後熱氣會送出，就會降低溫度，而燜燒罐開罐之後散熱十分快。料理不
是數學題有著不會異變的解答，的確因為食材的狀況跟食物的份量大
小有所差異。不過熟悉之後，就會很清楚怎麼使用。

Q：燜燒罐料理份量比較少，食材用不完怎麼辦？

A：寶寶在吃食物泥的階段，建議同樣的食材讓寶寶連續
食用三次以上，並且可事先平均分好每次食用的份
量，除了可以確定寶寶對該食物是否會過敏以外，也不用擔心食材
用不完；寶寶較大時，有些料理的食材其實並不需要特別準備，大
人吃什麼，寶寶可以跟著大人食用，只要在烹煮大人食物前，先為
寶寶預留一小部份以便料理清淡菜餚，如此一來，即可妥善運用食
材的份量。

Q：書中常出現的「預熱」，作用是什麼呢？
還有預熱完畢後的食物要一起到出來嗎？

A：預熱是為了讓燜燒罐隨時保持在100度C好烹煮食物，也因此料理步驟比
較複雜時，通常會希望食物先行「預熱」，步驟多數依照食物的易熟度
來遞減分配。預熱後食物留在罐內，再增加其他食材一起預熱即可。

Q：為什麼燜燒罐有時候會打不開呢？

A：打不開往往是因為內外罐溫差的關係，通常發生在早期的燜燒罐沒
有內蓋設計，如有此問題，在外蓋沖冷水，稍微擦拭後打開即可。

製作本書副食品的注意事項

1. 在料理寶寶的食物之前，衛生絕對是第一考量，燜燒罐無法像奶瓶一樣以沸水或消毒鍋消毒，因此在使用燜燒罐前，建議預熱一分鐘後再行預熱其他食材及燜煮過程。寶寶較大之後，爸媽可以自己決定是否省略空罐預熱的步驟。

2. 是否以煮沸的高湯來燜煮食物，父母可視寶寶對於高湯的主要食材是否會有過敏或不適而決定，改為沸水燜煮亦可。

3. 寶寶的飲食建議以清淡為主，而且許多食物並不需要特別調味也可以很美味，因此本書大多數的食譜並無特別調味或加鹽的步驟，父母可自行決定是否添加。

4. 寶寶副食品應從完全糜爛的湯水循序漸進到可食用軟爛的食物泥，再由用牙床壓碎食物至長牙後的咀嚼等，無論是每個階段開始的時間、咀嚼能力，甚至是練習自己用手拿取食物的狀況都不一樣，本書的建議食用年齡僅供父母參考，請依寶寶實際進度調整。

5. 所有寶寶的食量不等，建議可依寶寶的胃口增減份量。

開始下廚前
必要的簡易食譜

本書使用的高湯

是使用燜燒鍋製作而成，

燜燒鍋可利用內鍋在

瓦斯爐上加熱後，

再運用燜燒鍋的保溫功能

持續恆溫烹煮，

是燉煮料理的節能省時好幫手！

番茄
蔬菜高湯

3.0L

番茄經烹煮後更營養,再加上幾種新鮮蔬菜一併烹煮而成的蔬菜高湯,味道清爽甘甜,適合各種寶寶的副食品料理。

材料

牛番茄	2～3個	洋蔥	1大顆
紅蘿蔔	1隻	馬鈴薯	1～2個

Tips

1. 若喜歡較濃的番茄香味,可將番茄切塊再入鍋。

2. 高湯完成後不要急著丟棄蔬菜,可將燜軟的蔬菜製成寶寶的食物泥。

作法

1. 牛番茄洗淨,底部以刀輕劃十字

2. 紅蘿蔔、馬鈴薯洗淨削皮切大塊

3. 洋蔥洗淨對切

4. 將所有材料置入鍋內,再加水至約八分滿

5. 煮沸後轉中小火續煮約15分鐘

6. 將內鍋移至外鍋,蓋上蓋,燜約3個小時即完成

大骨高湯

3.0L

大骨含豐富的鈣質，而且烹煮簡單，是爸媽們在為寶寶調理副食品時不可或缺的良伴。

 材 料

大骨　　1根（請肉販剁小段）

 作 法

1. 將大骨洗淨置入內鍋，加水至五分滿煮沸後將水倒掉

2. 略清洗大骨上的血水

3. 再加水至內鍋的八分滿處，煮沸後轉中小火續煮約20分鐘

4. 將內鍋移至外鍋，蓋上蓋，燜約4～5個小時即完成

白麵
製作方法

作 法

1. 將麵條剪至燜燒罐五至七分滿高度

2. 注入熱水加至八分滿,略攪拌後拴緊蓋子,
   燜煮約7～15分鐘

Tips

麵條要是用市售的乾麵條,拉麵不宜,沸煮時間請參考封底包裝,再增加2～3分鐘為標準。

白粥
製作方法

Tips

1. 米洗淨後可以略靜置20分鐘左右，可讓米更美味。

2. 如要煮白飯，則是增添份量，舉例：500ml要製作白飯，則是增加到2/3杯，但燜燒罐的特性，白飯吃起來口感會比較像燉飯。

材　料	/	時　間
720ml		1/2杯米 1小時
500ml		1/3杯米 1.5小時
300ml		1/3杯米 3小時

作　法

1. 將米洗淨備用

2. 預熱燜燒罐，加入米，預熱30秒，將水倒出

3. 注入沸水八分滿，略攪拌，依照燜燒罐尺寸燜煮即可

21

Chapter 1

湯 品

寶寶的第一個階段的副食品一定要流質，不含渣的。

在這一篇裡，包括做最簡單的湯，

再由濃湯到讓寶寶可以練習咀嚼的湯。

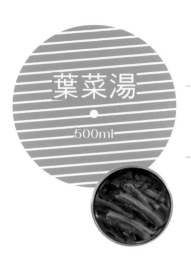

葉菜湯

500ml

建議食用階段：4 至 6 個月以上

青菜具有豐富的膳食纖維及營養，為避免幼兒排斥青菜的味道養成良好的飲食習慣，讓寶寶從小適應並接受青菜，可從簡單的青菜湯開始。

 材　料

A菜　80g

 作　法

1. A菜洗淨，剪小段

2. 預熱燜燒罐，預熱空罐1分鐘，將水倒出

3. 二次預熱，加入A菜，預熱15秒，將水倒出

4. 注入熱水至蓋過青菜約2公分，略攪拌後燜煮30分鐘，即可將湯汁濾出後放涼食用

Tips

1. 可依當季食材，改為大陸妹、菠菜、空心菜、莧菜等。

2. 寶寶7個月開始學會食用軟爛食物階段後，可將菜湯及燜熟的青菜一併磨成泥或以食物調理棒打成泥糊狀給予寶寶食用。

3. 寶寶9個月後會用牙床壓碎食物，即可依寶寶咀嚼的程度以食物剪將青菜剪碎至適合寶寶食用的大小，再讓寶寶一併與青菜湯食用，或也可用適當湯汁將青菜打成葉菜泥或濃湯。

南瓜湯

300ml

建議食用階段：**4** 至 **6** 個月以上

南瓜的營養價值高，味道香甜，對初嚐副食品的寶寶來說，是一道接受度相當高的湯。

 材 料

南瓜　約100g

Tips

1. 除了南瓜，如番薯、胡蘿蔔等根莖類都可做成這道簡單的湯，給寶寶嚐試不同的食物風味。

2. 寶寶9個月學會食用軟爛食物階段後，可依寶寶咀嚼的程度將南瓜去皮切成丁狀，讓寶寶連湯帶瓜一起食用，也可將南瓜與湯汁一起打成濃湯。

3. 寶寶6個月之後，可用蔬菜高湯替代沸水燜煮。

作 法

1. 南瓜洗淨去子後，連皮切小塊

2. 預熱燜燒罐1分鐘，將水倒出

3. 二次預熱，加入南瓜，預熱30秒，將水倒出

4. 注入沸水至七分滿，略攪拌後燜煮60分鐘，即可將湯汁濾出後放涼食用

番薯濃湯

300ml

建議食用階段：7 至 9 個月以上

番薯的纖維質非常豐富，味道香甜，不只便宜且取得容易，只要加上簡單幾個食材就可完成一道適合寶寶的濃湯。

材 料

大骨高湯		馬鈴薯	30g
番薯	60g	洋蔥	10g

作 法

1. 將番薯及馬鈴薯洗淨去皮後與洋蔥一併切成小丁

2. 預熱燜燒罐，預熱空罐1分鐘，將水倒出

3. 二次預熱，加入番薯、馬鈴薯及洋蔥丁，預熱30秒，將水倒出

4. 注入高湯至八分滿，略攪拌後燜煮60分鐘

5. 倒出所有食材與湯汁後以食物調理棒打至濃稠即可食用

Tips

1. 需要燜煮給寶寶吃的根莖類食物以新鮮為首要，較不新鮮的根莖類食材或已冷藏過頭之食物可能會需要更長的燜煮時間，或影響食物的軟爛程度。

2. 食用前也可加些少許寶寶牛奶增添不同風味。

木耳濃湯

300ml

建議食用階段：**7** 至 **9** 個月以上

寶寶開始吃副食品最常遇到的便祕是不少爸媽們頭痛的問題，木耳具有豐富的膳食纖維，除了多補充水份以外，木耳濃湯也是一個選擇。

 材 料

| 蔬菜高湯 | | 洋蔥 | 10g |
| 木耳 | 50g | | |

 作 法

1. 將木耳及洋蔥洗淨後切成小丁

2. 預熱燜燒罐，預熱空罐1分鐘，將水倒出

3. 二次預熱，加入木耳、洋蔥丁，預熱30秒，將水倒出

4. 注入高湯至八分滿，略攪拌後燜煮60分鐘

5. 倒出所有食材與湯汁後以食物調理棒打至濃稠即可食用

Tips

寶寶1歲後的舌頭及嘴唇活動較靈活，且咀嚼能力增加後，爸媽們可視寶寶的咀嚼能力慢慢減少以食物調理機打成濃湯的份量，漸漸增加原湯的份量。

味噌湯

300ml

建議食用階段：9 個月以上

味噌的主要原料是黃豆，不只營養，作法簡單，是適合忙碌的爸媽們可輕鬆上桌的湯。

 材 料

蔬菜高湯		(乾)海帶芽	2g
豆腐	1/4塊	低鹽味噌	適量

 作 法

1. 先將豆腐切小丁

2. 預熱燜燒罐，預熱空罐1分鐘，將水倒出

3. 二次預熱，加入豆腐、海帶芽，預熱30秒，將水倒出

4. 注入高湯至八分滿，加入味噌略攪拌後燜煮30分鐘即可食用

Tips

若無低鹽味噌，也可以一般味噌替代，但需特別注意份量不宜過多。

莧菜
魩仔魚湯

500ml

建議食用階段：**9** 至 **11** 個月以上

魩仔魚的鈣與營養眾所皆知，是寶寶少不了的重要副食品之一，魩仔魚和莧菜的搭配可是鈣質多多，非常適合寶寶。

 材 料

大骨高湯	魩仔魚　10g
莧菜　70g	

 作 法

1. 魩仔魚洗淨，莧菜洗淨切小段備用

2. 預熱燜燒罐，預熱空罐1分鐘，將水倒出

3. 二次預熱，加入莧菜、魩仔魚，預熱30秒，將水倒出

4. 注入高湯至八分滿，略攪拌後燜煮30分鐘即可食用

Tips

建議莧菜應挑選葉子和嫩梗的部位，方便寶寶食用。

干貝絲瓜湯

300ml

建議食用階段：9 至 11 個月以上

夏天是絲瓜的盛產期，也是適合消暑的夏季菜餚，除了常見的蛤蠣絲瓜外，只要配上一點點的干貝絲，即可完成一道味道鮮美的湯。

 材 料

大骨高湯		乾干貝	約1-2顆
絲瓜	100g	嫩薑	2小片

 作 法

1. 干貝泡水約8小時，泡開後剝成細絲

2. 絲瓜去皮，切成小丁備用

3. 預熱燜燒罐，預熱空罐1分鐘，將水倒出

4. 二次預熱，加入絲瓜丁、泡開的干貝絲及嫩薑片，預熱30秒，將水倒出

5. 注入高湯至八分滿，略攪拌後燜煮60分鐘即可食用

Tips

有些寶寶會對干貝過敏，建議一開始先以少量添加，無過敏反應後再增加份量，或也可以乾香菇替代干貝。

黃瓜肉片湯

500ml

建議食用階段：**11** 個月以上

黃瓜肉質脆嫩，煮熟後的口感也非常適合學習咀嚼的寶寶，再加上具有美容的功效，適合寶寶也適合媽媽。

 材 料

蔬菜高湯
大黃瓜　120g（或約1/4條）
豬肉片　30g

 作 法

1. 先將大黃瓜削皮去子，切丁備用

2. 豬肉片切小片

3. 預熱燜燒罐，預熱空罐1分鐘，將水倒出

4. 二次預熱，加入大黃瓜，預熱1分鐘，將水倒出

5. 三次預熱，加入豬肉片，預熱10秒，將水倒出

6. 注入高湯至八分滿，略攪拌後燜煮40分鐘即可食用

Tips

建議盡量挑選較嫩的肉片，並依寶寶的狀況切成適當大小，方便寶寶咀嚼。

羅宋湯

500ml

建議食用階段：1 歲 3 個月以上

番茄的營養價值很高，煮過後的營養再加分；牛肉及洋蔥所含的營養也不輸給番茄，要為寶寶的飲食把關，這道兼具蔬菜及蛋白質的湯，絕對營養滿分。

 材 料

大骨高湯	洋蔥	15g
小番茄　10個	牛肉（梅花牛）	70g
紅蘿蔔　50g		

 作 法

1. 紅蘿蔔及洋蔥洗淨切丁備用
2. 牛肉切小塊
3. 先用刀將小番茄底部輕畫十字
4. 預熱燜燒罐，加入小番茄，預熱20秒，將水倒出
5. 將預熱過後的小番茄去皮後再置回罐內
6. 二次預熱，加入紅蘿蔔丁、洋蔥丁及牛肉塊，預熱30秒，將水倒出
7. 注入高湯至八分滿，略攪拌後燜煮120分鐘即可食用

Tips

牛肉盡可能切小塊，以便燜軟爛方便寶寶咀嚼。

Chapter 2
食物泥與配菜

食物泥是寶寶在湯之後，
可以開始比較接近固體食物的第一步，
在這階段父母完全得看寶寶的咀嚼能力
來決定要讓食物較稀或可以開始稠一點；
爾後的配菜是在寶寶開始比較會用牙床
來咬食物時所設計。
由於此時寶寶開始會自己用手拿食物吃了，
因此食物不能太過軟爛。
此時他們也會開始對單一的食物失去興趣，
可以製作一些簡單的醬料讓寶寶搭配。

蛋黃泥

300ml

建議食用階段： 7 至 9 個月以上

蛋黃對寶寶的營養絕對是不在話下，而且可搭配多種寶寶料理，因此蛋黃泥是許多爸媽們給寶寶不可缺少的食物泥。

 材 料

雞蛋　　1顆

作 法

1. 預熱燜燒罐，加入雞蛋，預熱1分鐘，將水倒出

2. 注入沸水至八分滿，燜50分鐘

3. 將雞蛋取出沖冷水後剝殼及取出蛋黃

4. 將蛋黃搗成泥，並依寶寶的咀嚼能力加入適量的水拌勻即可食用

Tips

1. 需使用室溫下之雞蛋燜煮，若是使用冷藏雞蛋，需待雞蛋回溫至室溫溫度才可進行燜煮。

2. 預熱時要避免直接以熱水澆在雞蛋上或過度搖晃燜燒罐，以免雞蛋殼在預熱過程中破損。

3. 少數寶寶可能對蛋黃過敏，建議未食用過蛋黃者，先以少量餵食再漸漸增加份量。

花椰菜泥

300ml

建議食用階段:7 至 9 個月以上

花椰菜屬於十字花科,除了抗氧化功效外,也含有豐富的纖維及維生素,是非常受大人小孩喜歡的青菜。

材 料

綠花椰菜	20g(約2小朵)
白花椰菜	20g(約2小朵)

作 法

1. 花椰菜洗淨備用

2. 預熱燜燒罐,預熱空罐1分鐘,將水倒出

3. 二次預熱,加入所有材料,預熱30秒,將水倒出

4. 注入沸水至八分滿,略攪拌後燜煮40分鐘

5. 取出花椰菜,依寶寶可咀嚼的能力加入適量湯汁後以食物調理棒打至泥狀即可食用

Tips

若無食物調理棒也可以食物研磨盒(器)將食物磨成泥。

馬鈴薯泥

300ml

建議食用階段：7 至 9 個月以上

馬鈴薯的營養價值非常高，因此在法文具有「地底的蘋果」（pommes de terre）的美譽，它富含的大量碳水化合物也是多數西方人的主食之一，當然也是寶寶食物泥不可缺少的食材。

 材 料

馬鈴薯　70g

 作 法

1. 馬鈴薯洗淨切小丁備用

2. 預熱燜燒罐，預熱空罐1分鐘，將水倒出

3. 二次預熱，加入馬鈴薯丁，預熱5分鐘，將水倒出

4. 注入沸水至八分滿，略攪拌後燜煮50分鐘

5. 取出馬鈴薯，依寶寶可咀嚼的能力加入適量湯汁後以食物調理棒打至泥狀即可食用

Tips

1. 馬鈴薯若發芽後會產生毒素，建議以新鮮的馬鈴薯燜煮。

2. 馬鈴薯可用刨絲刀刨成細絲，除可縮短燜煮時間至40分鐘，燜熟後用湯匙即可壓成泥。

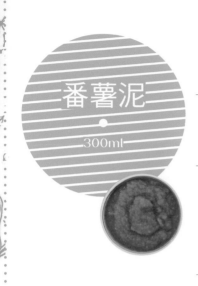

番薯泥

●

300ml

建議食用階段：7 至 9 個月以上

番薯在台灣曾是吃不起白米飯的窮人家主食，一直到近年來，它的營養及好處一再被證實，所含的豐富膳食纖維不只適合瘦身的大人，也很適合寶寶。

 材 料

番薯　　70g

 作 法

1. 番薯洗淨切小丁備用

2. 預熱燜燒罐，預熱空罐1分鐘，將水倒出

3. 二次預熱，加入番薯丁，預熱5分鐘，將水倒出

4. 注入沸水至八分滿，略攪拌後燜煮50分鐘

5. 取出番薯，依寶寶可咀嚼的能力加入適量湯汁後以食物調理棒打至泥狀即可食用

Tips

有些番薯口感較紮實，需注意多加水份以避免寶寶吞嚥困難。

51

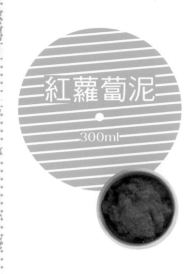

紅蘿蔔泥

—300ml—

建議食用階段：ㄱ 至 ㄱ 個月以上

紅蘿蔔含有大量的胡蘿蔔素及維生素A，是營養價值高的蔬菜，但同時卻也是多數幼兒討厭的蔬菜之一，爸媽們可從少量的紅蘿蔔泥循序讓寶寶開始，以避免寶寶日後挑食。

 材 料

紅蘿蔔　60g

 作 法

1. 紅蘿蔔洗淨切小丁備用

2. 預熱燜燒罐1分鐘，將水倒出

3. 二次預熱，加入紅蘿蔔丁，預熱1分鐘，將水倒出

4. 注入沸水至八分滿，略攪拌後燜煮60分鐘

5. 取出紅蘿蔔，依寶寶可咀嚼的能力加入適量湯汁後以食物調理棒打至泥狀即可食用。

Tips

紅蘿蔔也可用刨絲刀刨成細絲，方便燜軟。

高麗菜豆腐泥

300ml

建議食用階段： 7 至 9 個月以上

豆腐含豐富的蛋白質，營養也容易吸收，口感滑嫩；再加上富含纖維的青菜，即是一道營養健康的寶寶餐點。

 ## 材 料

高麗菜	40g
豆腐	1/4塊

 ## 作 法

1. 高麗菜洗淨切絲或小片，豆腐切小塊備用
2. 預熱燜燒罐，預熱空罐1分鐘，將水倒出
3. 二次預熱，加入高麗菜與豆腐，預熱30秒，將水倒出
4. 注入沸水至八分滿，略攪拌後燜煮30分鐘
5. 取出高麗菜與豆腐，依寶寶可咀嚼的能力加入適量湯汁後以食物調理棒打至泥狀即可食用

 Tips

豆腐屬易脹氣食物，建議寶寶已吃過豆腐泥確定無不適症狀後，再搭配蔬菜製成食物泥。

豬肝泥

300ml

建議食用階段：7 至 9 個月以上

豬肝是受婆婆媽媽喜歡的養身食物之一，其所含鐵質與蛋白質，可不只適合大人養身，也可提供寶寶營養來源。

 材 料

豬肝	60g
寶寶米粉	適量

 作 法

1. 豬肝洗淨去筋膜後切小塊

2. 預熱燜燒罐，預熱空罐1分鐘，將水倒出

3. 二次預熱，加入豬肝塊，預熱1分鐘，將水倒出

4. 注入沸水至八分滿，略攪拌後燜煮60分鐘

5. 取出豬肝，依寶寶可咀嚼的能力加入適量湯汁及寶寶米粉後以食物調理棒打至泥狀即可食用

Tips

若無寶寶米粉也可以適量米粥替代，增加豬肝口感。

雞肉泥

300ml

建議食用階段：7 至 9 個月以上

雞肉的口感較豬肉細一些，尤其是雞胸肉更適合寶寶的第一道肉泥。

 ## 材 料

雞胸肉　　70g

 ## 作 法

1. 雞胸肉洗淨後切小塊

2. 預熱燜燒罐，預熱空罐1分鐘，將水倒出

3. 二次預熱，加入雞肉塊，預熱1分鐘，將水倒出

4. 注入沸水至八分滿，略攪拌後燜煮60分鐘

5. 取出雞肉，剝成雞肉絲，同時將雞肉內可能含的碎骨及薄膜去除

6. 依寶寶可咀嚼的能力加入適量湯汁以食物調理棒打至泥狀即可食用

Tips

爸媽們也可視寶寶的狀況加入適量米粉或粥湯讓寶寶更好嚼食。

綜合泥：紅蘿蔔雞肉泥

300ml

建議食用階段：7 至 9 個月以上

寶寶試過單一種食物泥之後即可開始嘗試添加不同食材搭配的食物泥，紅蘿蔔的亮麗顏色無論搭配哪種食材，都可為食物添加色彩。

 材 料

紅蘿蔔	40g
雞胸肉	40g

 作 法

1. 雞胸肉及紅蘿蔔洗淨後切小塊

2. 預熱燜燒罐1分鐘，將水倒出

3. 二次預熱，加入雞肉與紅蘿蔔塊，預熱1分鐘，將水倒出

4. 注入沸水至八分滿，略攪拌後燜煮60分鐘

5. 取出雞肉，剝成雞肉絲，同時將雞肉內可能含的碎骨及薄膜去除

6. 將雞肉絲與紅蘿蔔依寶寶可咀嚼的能力加入適量湯汁以食物調理棒打至泥狀即可食用

 Tips

雞胸肉若確定不含碎骨及薄膜，也可省去剝成雞肉絲的步驟，一併與紅蘿蔔打成泥。

綜合泥：
菠菜牛肉泥

500ml

建議食用階段： 7 至 9 個月以上

除了紅蘿蔔，綠色蔬菜的鮮艷顏色也是搭配肉品的最佳選擇，不只菠菜，也可以變化不同的青菜肉泥讓寶寶吃得營養。

 材 料

菠菜	70g
牛肉	50g

 作 法

1. 菠菜洗淨後與牛肉切小塊備用

2. 預熱燜燒罐，預熱空罐1分鐘，將水倒出

3. 二次預熱，加入菠菜與牛肉塊，預熱30秒鐘，將水倒出

4. 注入沸水至八分滿，略攪拌後燜煮60分鐘

5. 濾出菠菜與牛肉，依寶寶可咀嚼的能力加入適量湯汁以食物調理棒打至泥狀即可食用

Tips

建議以寶寶已經單一食用過的肉品來搭配。

奶香花椰菜

300ml

建議食用階段：**7** 至 **9** 個月以上

寶寶在開始吃副食品一段時間後，會開始自己嘗試拿取食物，只要食物煮得夠軟爛，爸媽們不妨放手讓寶寶探索自己吃飯的樂趣，花椰菜即可列入寶寶這個階段的選擇。

 ## 材 料

花椰菜	約5～6朵
寶寶米粉	適量
寶寶牛奶／母乳	適量

醬 料 作 法

先以適量寶寶牛奶或母乳加入寶寶米粉調成白醬備用

作 法

1. 花椰菜洗淨後將較硬的梗剪去後備用

2. 預熱燜燒罐，預熱空罐1分鐘，將水倒出

3. 二次預熱，加入花椰菜，預熱30秒鐘，將水倒出

4. 注入沸水至八分滿，略攪拌後燜煮50分鐘

5. 濾出花椰菜後淋上奶醬即可食用

Tips

若寶寶的咀嚼能力較佳，也可縮短燜煮時間至30至40分鐘。

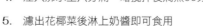

香菇燴豆腐

300ml

建議食用階段：9 歲月以上

寶寶開始吃膩單一食物時，即可開始以不同食材食用，從兩種開始循序漸進，增加寶寶吃的樂趣，並且讓他們開始探索不同食物搭配的口感和風味。

材料

大骨高湯		豆腐	1/4塊
新鮮香菇	約3～5小朵	寶寶米粉	適量

作法

1. 香菇洗淨去梗後與豆腐切小丁備用

2. 預熱燜燒罐1分鐘，將水倒出

3. 二次預熱，加入香菇丁，預熱10分鐘，將水倒出

4. 三次預熱，加入豆腐丁，預熱30秒鐘，將水倒出

5. 注入高湯至八分滿，略攪拌後燜煮20分鐘

6. 加入適量寶寶米粉，將湯汁調成勾芡狀即可食用

Tips

多數寶寶約在滿1歲前已經開始練習用牙床咀嚼食物，還是需要依寶寶發展的咀嚼能力，將香菇切成適當的丁狀，方便寶寶練習咀嚼。

蘋果
小黃瓜沙拉

300ml

建議食用階段：1 歲以上

小黃瓜清脆的口感，是許多長牙後的寶寶喜歡吃的原因之一，再搭配上蘋果及橙醬的酸甜口感，寶寶也可在炎炎夏日享用清爽又健康的小菜。

 材 料

蘋果	1/4顆	柳橙	1顆
小黃瓜	約2/3條	米精	適量

 醬 料 作 法

柳橙洗淨後榨汁，拌入適量米精成橙醬備用

作 法

1. 小黃瓜洗淨切適當大小（大小不宜超過4公分），蘋果去皮切丁略泡鹽水備用

2. 預熱燜燒罐，預熱空罐1分鐘，將水倒出

3. 二次預熱，加入小黃瓜及蘋果塊，預熱10秒鐘，將水倒出

4. 注入沸水至八分滿，略攪拌後燜煮5分鐘，將水倒出

5. 將蘋果及小黃瓜置入冷水或冰水中冰鎮後，即可拌上橙醬食用

Tips

太脆的口感可能不適合所有還在學習咀嚼的寶寶，但過度地燜煮小黃瓜可能會影響口感及色澤，建議視寶寶的狀況決定是否延長燜煮時間。

蛋黃醬佐蘆筍

300ml

建議食用階段： 10 至 12 個月以上

蘆筍只要切成適當長度，並燜煮到軟硬適中，也是一道非常適合寶寶的手指食物。

 材 料

蘆筍	60g	雞蛋	1顆
優酪乳	適量		

醬 料 作 法

1. 預熱燜燒罐，加入雞蛋，預熱1分鐘，將水倒出

2. 注入沸水至八分滿，燜50分鐘

3. 注將雞蛋取出沖冷水後剝殼及取出蛋黃，並將蛋黃搗成泥

4. 將蛋黃泥加上適量優酪乳拌成蛋黃醬

作 法

1. 將蘆筍洗淨並削除根部較老硬的部份，切小段備用

2. 預熱燜燒罐，預熱空罐1分鐘，將水倒出

3. 二次預熱，加入蘆筍，預熱10秒鐘，將水倒出

4. 注入沸水至八分滿，略攪拌後燜煮15分鐘，將水倒出

5. 將蘆筍拌上蛋黃醬或讓寶寶沾著醬汁食用

Tips

1. 若是較粗的蘆筍需加長燜煮時間至20或30分鐘。

2. 蘆筍燜煮可能會因為時間長短而影響色澤，爸媽們可依寶寶的咀嚼食能力縮短燜煮時間，避免太過軟爛而降低寶寶食用蘆筍的興趣。

3. 此醬料主要是以優酪乳調拌而成，寶寶若對優酪乳過敏或腸胃不適，可改以寶寶牛奶或母乳替代。

蒜香四季豆

300ml

建議食用階段：1 歲以上

四季豆又稱敏豆，味道爽口，加上蒜頭一起燜煮後的味道更令人食指大動，就算帶著寶寶外食，爸媽們也可輕鬆為寶寶上好菜。

材 料

四季豆	50g（約5～6支）	橄欖油	少許
蒜頭	約2瓣		

作 法

1. 四季豆去除蒂頭及剝絲後，洗淨切小段備用

2. 蒜頭去膜拍扁備用

3. 預熱燜燒罐，預熱空罐1分鐘，將水倒出

4. 二次預熱，加入四季豆及蒜頭，預熱10秒鐘，將水倒出

5. 注入沸水至八分滿，略攪拌後燜煮15分鐘，將水倒出

6. 倒入少許橄欖油至罐內，栓緊上蓋，搖勻後靜置約5分鐘，剔出蒜頭後即可食用

Tips

1. 蒜頭主要是增加四季豆的香味，為方便寶寶食用前剔除，拍扁即可，無須拍碎。

2. 每個寶寶長牙的時間不一，若1歲後寶寶的咀嚼能力及長牙狀況較慢，可加長燜煮時間並切約2公分小段方便寶寶食用。

73

鮪魚馬鈴薯

300ml

建議食用階段：10 至 12 個月以上

鮪魚是非常受歡迎的海鮮，且富有寶寶需要的鈣質及 DHA，有助牙齒、骨骼及大腦發育，好吃又營養。

材 料

大骨高湯		紅蘿蔔	10g
馬鈴薯	60g	雞蛋	1顆
水煮鮪魚	1湯匙		

作 法

1. 預熱燜燒罐，加入雞蛋，預熱1分鐘，將水倒出

2. 注入沸水至八分滿，燜50分鐘

3. 將雞蛋取出沖冷水後剝殼及取出蛋黃，並將蛋黃搗碎備用

4. 馬鈴薯與紅蘿蔔削皮後切成小丁備用

5. 預熱燜燒罐，加入馬鈴薯與紅蘿蔔及鮪魚，預熱1分鐘，將水倒出

6. 注入高湯至蓋過所有材料約1.5公分，略攪拌後燜煮60分鐘

7. 拌入適量蛋黃即可食用

Tips

1. 馬鈴薯可一半切丁，一半刨成絲一起燜煮，增添不同的口感。

2. 用兩個燜燒罐同時燜雞蛋及馬鈴薯等材料，可更節省時間。

菠菜醬佐紅蘿蔔

300ml

建議食用階段： 10 至 12 個月以上

紅蘿蔔的好處多多，在寶寶開始練習吃手指食物時，配上一點對比的綠色蔬菜醬汁，營養又可吸引寶寶對食物的興趣。

 材 料

紅蘿蔔	70g	寶寶米粉	少許
菠菜	50g		

 醬 料 作 法

1. 菠菜洗淨後備用

2. 預熱燜燒罐，預熱空罐1分鐘，將水倒出

3. 二次預熱，加入菠菜，預熱30秒鐘，將水倒出

4. 注入沸水至八分滿，略攪拌後燜煮30分鐘

5. 濾出菠菜加入少許湯汁，以食物調理棒打至泥狀，拌入少許寶寶米粉備用

Tips

1. 紅蘿蔔可用壓模器切出各種可愛造型，吸引寶寶注意，增加寶寶自己練習抓取食物的興趣。

2. 若能同時使用兩個燜燒罐可節省燜煮時間。

作 法

1. 紅蘿蔔洗淨切適當大小備用（大小不超過4公分）

2. 預熱燜燒罐，預熱空罐1分鐘，將水倒出

3. 二次預熱，加入紅蘿蔔丁，預熱1分鐘，將水倒出

4. 注入沸水至八分滿，略攪拌後燜煮60分鐘，將水倒出

5. 取出紅蘿蔔，並將紅蘿蔔拌上菠菜醬或讓寶寶沾著醬汁食用

竹筍沙拉

300ml

建議食用階段： 1 歲以上

竹筍口感佳味道鮮美，盛產時，是不可錯過的寶寶桌上佳餚，市售的沙拉醬不一定適合寶寶，只要用一點簡單的食材也可做出香甜的沾醬。

 ## 材 料

竹筍	約120g
紅蘿蔔	30g

米精　適量

 ## 醬 料 作 法

1. 紅蘿蔔洗淨切小丁備用

2. 預熱燜燒罐，預熱空罐1分鐘，將水倒出

3. 二次預熱，加入紅蘿蔔丁，預熱1分鐘，將水倒出

4. 注入沸水至八分滿，略攪拌後燜煮40分鐘

5. 取出紅蘿蔔，加入少許湯汁以食物調理棒打至泥狀，再拌入米精即可

作 法

1. 竹筍洗淨切適當大小備用（大小不宜超過4公分）

2. 預熱燜燒罐，預熱空罐1分鐘，將水倒出

3. 二次預熱，加入竹筍塊，預熱10分鐘，將水倒出

4. 注入沸水至八分滿，略攪拌後燜煮60分鐘，將水倒出

5. 取出竹筍以冷開水降溫後，即可將竹筍拌上醬汁或讓寶寶沾醬食用

Tips

1. 每個寶寶長牙的時間不一，若1歲後寶寶的咀嚼能力及長牙狀況較慢，建議加長燜煮時間並切適當大小方便寶寶食用。

2. 若能同時使用兩個燜燒罐可節省燜煮時間。

番茄醬佐秋葵

300ml

建議食用階段： 10 至 12 個月以上

秋葵的黏性液質可幫助消化及健胃整腸，橫切面形狀有如星星，且煮熟後的口感偏軟，是適合寶寶的簡單料理。

材 料

秋葵	40g（約5～6支）	寶寶米粉 適量
小番茄	5個	

醬 料 作 法

1. 小番茄洗淨，用刀將小番茄底部輕畫十字
2. 預熱燜燒罐，加入小番茄，預熱30秒，將水倒出
3. 小番茄去皮後磨成泥，拌少許開水與寶寶米粉成番茄醬備用

作 法

1. 秋葵洗淨備用
2. 預熱燜燒罐，預熱空罐1分鐘，將水倒出
3. 二次預熱，加入秋葵，預熱1分鐘，將水倒出
4. 注入沸水至八分滿，略攪拌後燜煮15分鐘，將水倒出
5. 取出秋葵並切除蒂頭，拌上番茄醬或直接拿著秋葵沾醬汁食用

Tips

若寶寶還疏於拿取食物食用，建議燜熟後切小段再給予食用。

玉米筍炒香菇

300ml

建議食用階段： 10 至 12 個月以上

玉米筍的清脆口感是許多大人與小孩喜歡的原因，除了汆燙以外，加入少許的健康油與其他蔬菜拌炒一樣美味爽口。

 材　料

玉米筍	約6根	橄欖油	少許
香菇	約3～5小朵	紅蘿蔔絲	少許

 作　法

1. 玉米筍切小塊，香菇及紅蘿蔔切絲備用

2. 預熱燜燒罐1分鐘，將水倒出

3. 二次預熱，加入玉米筍、香菇及紅蘿蔔絲，預熱1分鐘，將水倒出

4. 注入沸水至八分滿，略攪拌後燜煮40分鐘，將水倒出

5. 倒入少許橄欖油至罐內，栓緊上蓋搖勻後靜置約5分鐘即可食用

Tips

建議選擇國產新鮮玉米筍取代進口玉米筍，口感較鮮甜更適合寶寶。

Chapter 3

主食

從第一道流質副食品米湯開始，

很多寶寶在一歲多之後可以吃的東西

跟吃的能力已經很成熟了，

有些寶寶甚至可以吃乾飯，

不過即便如此，餐廳的食物

往往還是太過油膩或者太鹹，

本章節提供一些，

帶著一歲後的寶寶外食時，

可以輕鬆準備的清淡健康主食。

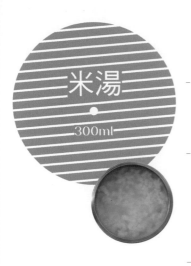

米湯

300ml

建議食用階段：**4** 至 **6** 個月以上

米飯是我們最重要的主食之一，並且屬低過敏食物，因此這道簡單的米湯是許多婆婆媽媽給予寶寶的第一道流質副食品。

 材 料

白米　1/3杯

 Tips

1. 寶寶7個月開始學會食用軟爛食物階段後，可延長燜煮時間至90分鐘，並拌成糊狀給予寶寶食用，並可改由大骨高湯替代沸水。

2. 寶寶9個月後會用牙床壓碎食物，即可依寶寶可咀嚼的程度將水量由八分滿遞減至六至七分滿、時間縮短至60分鐘，燜成較稠的稀飯或軟飯給予寶寶食用。

 作 法

1. 白米洗淨

2. 預熱燜燒罐，預熱空罐1分鐘，將水倒出

3. 二次預熱，加入白米，預熱30秒，將水倒出

4. 注入沸水至八分滿，略攪拌後燜煮60分鐘，將米湯濾出放涼後即可食用

酪梨乳酪粥

—500ml—

建議食用階段：1 歲以上

酪梨的油脂含量高，主要是單元不飽和脂肪，不但不含膽固醇，營養含量也非常高，非常適合要長肉肉的寶寶食用。

 材 料

大骨高湯		酪梨	約2～3片
白米	1/3杯	乳酪片	約1/2片

 作 法

1. 白米洗淨，乳酪切絲或小片備用

2. 預熱燜燒罐，預熱空罐1分鐘，將水倒出

3. 二次預熱，加入白米，預熱30秒，將水倒出

4. 注入高湯至八分滿，略攪拌後燜煮60分鐘

5. 趁熱加入乳酪絲拌勻，再拌入酪梨片或酪梨丁即可食用

Tips

寶寶若沒食用過乳酪，建議先以少量餵食確定無過敏等不適後再調整份量。

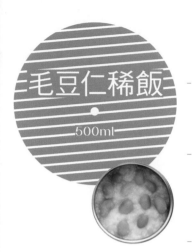

毛豆仁稀飯

500ml

建議食用階段：**1**歲以上

寶寶開始食用副食品後，可漸漸由食物中攝取植物性蛋白，毛豆即是一個很好的選擇。

材 料

蔬菜高湯	白米　1/3杯
毛豆仁　40g	

作 法

1. 白米與毛豆仁洗淨備用
2. 預熱燜燒罐，預熱空罐1分鐘，將水倒出
3. 二次預熱，加入白米與毛豆仁，預熱1分鐘，將水倒出
4. 注入高湯至八分滿，略攪拌後燜煮60分鐘
5. 取出部份之毛豆仁磨成泥，並與剩下的毛豆仁及粥拌勻後即可食用

Tips

1. 每個寶寶長牙的時間不一，若1歲後寶寶的咀嚼能力及長牙狀況較慢，也可先將所有的毛豆仁以40分鐘燜熟全部磨成泥後再拌入粥中讓寶寶食用。

2. 若寶寶食用豆類後易造成脹氣或不適，建議視寶寶狀況調整毛豆仁份量。

奶香鮭魚燉飯

500ml

建議食用階段：**1**歲以上

寶寶在1歲左右，開始吃稠軟的米飯時，燉飯是一個很好的選擇，加點營養的鮭魚及牛奶，寶寶燉飯即可上桌。

 材 料

蔬菜高湯	乳酪片　1片
水煮（熟）鮭魚　60g	寶寶牛奶　適量
白米　1/2杯	

 作 法

1. 白米洗淨，鮭魚剝碎，乳酪切絲或撕小片備用
2. 預熱燜燒罐，預熱空罐1分鐘，將水倒出
3. 二次預熱，加入鮭魚與白米，預熱1分鐘，將水倒出
4. 注入高湯至八分滿，略攪拌後燜煮50分鐘
5. 趁熱加入乳酪絲及寶寶牛奶，拌勻後即可食用

蒲瓜鹹粥

500ml

建議食用階段：1 歲以上

多數瓜果類含水量高，營養且經濟實惠，味道清甜的
蒲瓜可是炎炎夏日為寶寶消暑解熱的選擇。

 材 料

大骨高湯	紅蘿蔔絲　適量
蒲瓜　　70g	白米　　　1/4杯
鹽巴　適量	

 作 法

1. 白米洗淨

2. 蒲瓜切絲，以適量鹽巴略醃10～15分鐘

3. 預熱燜燒罐，預熱空罐1分鐘，將水倒出

4. 二次預熱，加入蒲瓜、紅蘿蔔絲與白米，預熱
   30秒，將水倒出

5. 注入高湯至八分滿，略攪拌後燜煮60分鐘即
   可食用

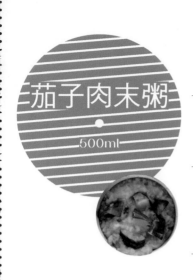

茄子肉末粥

500ml

建議食用階段：1 歲以上

茄子除了含膳食纖維，同時富有多種營養素，而且容易煮軟，是非常適合寶寶副食品的食材。

材料

大骨高湯		白米	1/4杯
茄子	70g	醬油	少許
絞肉	50g		

作法

1. 絞肉以醬油略醃10分鐘

2. 茄子洗淨切小丁，白米洗淨備用

3. 預熱燜燒罐，預熱空罐1分鐘，將水倒出

4. 二次預熱，加入絞肉與茄子，預熱30秒，將水倒出

5. 三次預熱，加入白米，預熱30秒，將水倒出

6. 注入高湯至八分滿，略攪拌後燜煮60分鐘即可食用

Tips

買絞肉時，建議選較嫩的部位購買，並且可請肉販多絞一遍，方便寶寶食用。

高麗菜飯

500ml

建議食用階段：1 歲以上

一般的高麗菜飯會加入蝦米及其他香料增加香味，但過多的調味，寶寶反而吃不到食物最原始的味道，不如用簡單的食材做一道健康又適合寶寶的菜飯。

 材 料

蔬菜高湯		紅蘿蔔絲	少許
高麗菜	70g	白米	1/2杯
香菇	2小朵		

 作 法

1. 高麗菜及香菇洗淨切絲備用

2. 預熱燜燒罐，預熱空罐1分鐘，將水倒出

3. 二次預熱，加入高麗菜及香菇，預熱30秒，將水倒出

4. 三次預熱，加入白米與紅蘿蔔，預熱30秒，將水倒出

5. 注入高湯至蓋過所有食材約1.5公分處，略攪拌後燜煮40分鐘即可食用

 Tips

菜飯不宜燜過久，口徑越寬的燜燒罐更有助使菜飯均勻受熱。

山藥肉絲粥

500ml

建議食用階段：1 歲以上

山藥是近年來受大多主婦愛用的食補食材，無論是本
土山藥或日本山藥，都可做出各種美味健康的料理。

材 料

大骨高湯		白米	1/4杯
山藥	60g	醬油	少許
肉絲	30g		

作 法

1. 肉絲以少許醬油略醃10分鐘

2. 白米洗淨，山藥削皮切丁備用

3. 預熱燜燒罐，預熱空罐1分鐘，將水倒出

4. 二次預熱，加入肉絲，預熱30秒，將水倒出

5. 三次預熱，加入山藥、白米，預熱30秒，將水倒出

6. 注入高湯至八分滿，略攪拌後燜煮60分鐘即可食用

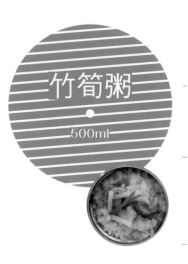

竹筍粥

500ml

建議食用階段：**1** 歲以上

竹筍味道鮮美，口感清爽。不只含有多種營養成份，所含的水分以及纖維素更是為寶寶的營養加分。

 材 料

大骨高湯		紅蘿蔔絲	少許
白米	1/4杯	絞肉	20g
竹筍	30g	醬油	少許
木耳	10g		

 作 法

1. 絞肉以少許醬油略醃10分鐘

2. 白米洗淨，竹筍、木耳洗淨切絲備用

3. 預熱燜燒罐，預熱空罐1分鐘，將水倒出

4. 二次預熱，加入竹筍，預熱10分鐘，將水倒出

5. 三次預熱，加入木耳、紅蘿蔔、絞肉與白米，預熱30秒，將水倒出

6. 注入高湯至八分滿，略攪拌後燜煮60分鐘即可食用

 Tips

建議選用新鮮的竹筍，太老的竹筍可能會有不易燜熟的狀況。

魩仔魚麵線

500ml

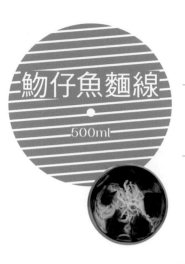

建議食用階段：10 個月以上

魩仔魚是寶寶餐碗裡的常客，不只料理簡單，也可搭配各種當令食材變化不同的菜餚，可不是永遠只有魩仔魚粥可以選擇喔。

 ## 材 料

蔬菜高湯		魩仔魚	30g
麵線	30g	（乾）海帶芽	2g

 ## 作 法

1. 魩仔魚洗淨瀝乾備用，麵線折約3至5公分小段

2. 預熱燜燒罐，預熱空罐1分鐘，將水倒出

3. 二次預熱，加入魩仔魚，預熱5分鐘，將水倒出

4. 三次預熱，加入海帶芽與麵線，預熱30秒，將水倒出

5. 注入高湯至八分滿，略攪拌後燜煮10分鐘即可食用

Tips

建議選用低鹽的麵線，
或也可以較細的麵條替代。

鯛魚意麵

500ml

建議食用階段：**11** 個月以上

市售的意麵多以肉燥為主，較為油膩，並不適合寶寶腸胃，無論是傳統市場或超市皆可購得意麵，自行燜煮出營養健康的麵食。

 材 料

大骨高湯		小白菜	1～2小把
鯛魚	70g	紅蘿蔔絲	少許
意麵	25g		

 作 法

1. 鯛魚切小片，小白菜洗淨切小段備用

2. 預熱燜燒罐，預熱空罐1分鐘，將水倒出

3. 二次預熱，加入小白菜與鯛魚，預熱30秒，將水倒出

4. 三次預熱，加入意麵，預熱30秒，將水倒出

5. 注入高湯至八分滿，略攪拌後燜煮10分鐘即可食用

Tips

鯛魚不可切太大片，避免寶寶吃到未燜熟的魚肉，造成腸胃不適。

Chapter 4

飲料與點心

市售的甜點或飲料，
都可能含有較多的添加物，或者太甜，
並不適合寶寶的味蕾及健康，
避免給予寶寶太多的市售餅乾和糖果
也是養成寶寶良好飲食習慣的根本。
在這一章節有最簡單的水果茶飲，
也有冰涼的甜點，
當然也有適合冬天吃的甜點，
爸媽們可以自己調整甜度。

西洋梨茶

500ml

建議食用階段：**4** 至 **6** 個月以上

西洋梨可去熱除火，非常適合炎熱夏天食用，是可直接生食的水果；有些寶寶食用生冷的水果時腸胃較敏感，即可將新鮮的水果燜煮成水果茶，不只讓寶寶能嚐到水果的甜味也可降低水果生冷帶來的不適。

 材 料

西洋梨　　1～2顆

 作 法

1. 西洋梨洗淨後去皮去子，切小丁備用

2. 預熱燜燒罐，預熱空罐1分鐘，將水倒出

3. 二次預熱，加入西洋梨，預熱30秒，將水倒出

4. 加入沸水至七分滿，略攪拌後燜煮30分鐘，即可將湯汁濾出後放涼食用

 Tips

寶寶9個月之後，可切小丁一起燜煮至果肉軟爛，讓寶寶連同果肉一起食用。

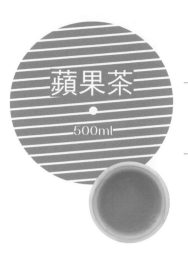

蘋果茶

500ml

建議食用階段：**4** 至 **6** 個月以上

寶寶開始第一階段的副食品需以稀釋後的果汁開始，帶著寶寶出門稀釋果汁若不方便處理時，不如事先準備一罐簡單的蘋果茶，爸媽們可不是只有市售罐裝的寶寶果汁可以選擇。

 材 料

蘋果　　約1顆

 作 法

1. 蘋果洗淨後去皮去子，切丁備用

2. 預熱燜燒罐，預熱空罐1分鐘，將水倒出

3. 二次預熱，加入蘋果丁，預熱30秒，將水倒出

4. 加入沸水至七分滿，略攪拌後燜煮20分鐘，即可將茶水以紗布或篩網濾出後放涼食用

Tips

寶寶1歲之後，可加上約30g的大麥與蘋果一併預熱及燜煮，變化款的蘋果茶即可上桌。

113

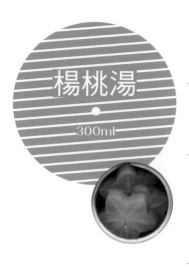

楊桃湯

300ml

建議食用階段：4 至 6 個月以上

楊桃清涼可口又解渴消暑，而且具保護喉嚨之用，台灣全年皆屬楊桃盛產之期，是提供寶寶健康飲品的好選擇。

材 料

楊桃　　100g

作 法

1. 楊桃洗淨後削邊橫切成星星狀備用

2. 預熱燜燒罐，預熱空罐1分鐘，將水倒出

3. 二次預熱，加入楊桃，預熱30秒，將水倒出

4. 加入沸水至八分滿，略攪拌後燜煮30分鐘，即可將湯汁濾出後放涼食用

Tips

寶寶1歲後，若對柑橘類沒有過敏反應，可在楊桃湯倒出放涼後，加入數滴新鮮檸檬汁及少許冰糖攪勻，酸酸甜甜的進階版楊桃湯即可完成。

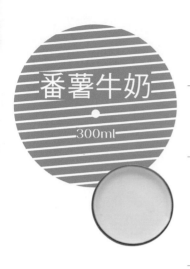

番薯牛奶

300ml

建議食用階段：**7** 至 **9** 個月以上

開始吃副食品之後，牛奶還是寶寶的主要營養來源，偶爾以牛奶搭配其他新鮮食材，不只可提供應有的營養，還可為副食品增添風味。

 材 料

番薯	約70g
寶寶牛奶	適量

 作 法

1. 番薯洗淨切小丁備用

2. 預熱燜燒罐，預熱空罐1分鐘，將水倒出

3. 二次預熱，加入番薯丁，預熱5分鐘，將水倒出

4. 注入沸水至八分滿，略攪拌後燜煮50分鐘

5. 取出番薯，加入適量寶寶牛奶以食物調理機或果汁機打勻，即可用湯匙餵食

鳳梨蘋果茶

500ml

建議食用階段：**9** 個月以上

鳳梨可幫助消化，促進食慾，但由於生食鳳梨時容易咬舌，並不適合小寶寶。鳳梨經過高溫煮成茶水後，即可避免咬舌的情況，是適合寶寶的飯後茶飲。

 材 料

青蘋果	1/4顆
紅蘋果	1/4顆
鳳梨	50g

 作 法

1. 蘋果洗淨後去皮去子，切丁備用
2. 預熱燜燒罐，預熱空罐1分鐘，將水倒出
3. 二次預熱，加入蘋果丁與鳳梨，預熱30秒，將水倒出
4. 加入沸水至七分滿，略攪拌後燜煮30分鐘，即可將茶水以紗布或篩網濾出後放涼食用

 Tips

寶寶較大之後，可切細丁燜煮至果肉軟爛，讓寶寶連同果肉一起食用。

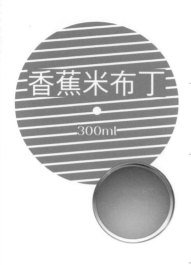

香蕉米布丁

300ml

建議食用階段：9 個月以上

布丁是許多幼兒喜歡的零嘴，市售的布丁可不比爸媽們愛心自製的衛生健康，白米還是米布丁的主要成份，可為寶寶增加飽足感。

 材 料

白米	20g
寶寶米精	適量
香蕉	約1/3根

 作 法

1. 白米洗淨

2. 預熱燜燒罐，預熱空罐1分鐘，將水倒出

3. 二次預熱，加入白米，預熱30秒，將水倒出

4. 注入沸水200cc，略攪拌後燜煮50分鐘

5. 加入適量寶寶米精攪勻

6. 放涼後不加蓋，置入冷藏約3至6小時

7. 香蕉切適量大小後，撒在布丁上即可食用

Tips

1. 米布丁放涼置入冰箱前，也可與香蕉丁攪勻後一併冷藏。

2. 除了香蕉也可以其他新鮮水果替代。

葡萄乾燕麥粥

300ml

建議食用階段：1 歲月以上

燕麥的營養價值很高，而且方便料理，其纖維素還可促進腸胃蠕動，可預防便祕，鹹甜皆宜。

 材 料

燕麥片	50g
寶寶奶粉	適量
葡萄乾	少許

 作 法

1. 葡萄乾剪適當大小備用

2. 預熱燜燒罐，預熱空罐1分鐘，將水倒出

3. 二次預熱，加入燕麥，預熱30秒，將水倒出

4. 注入沸水至八分滿，略攪拌後燜煮30分鐘

5. 倒至寶寶碗中拌入適量寶寶奶粉調成燕麥牛奶，撒上葡萄乾後即可食用

 Tips

建議選購葡萄乾時，應選購安全衛生且品質有保障的品牌，或有機葡萄乾。

枇杷銀耳湯

—500ml—

建議食用階段：**1** 歲以上

寶寶的氣管容易因為外在環境的過敏原而帶來不適，除了平常為寶寶做好適宜的居家環境及保健外，偶爾也可用天然的食材煮一道潤肺甜品，幫寶寶的健康多做一道防線。

材 料

枇杷	6顆	枸杞	少許
銀耳	2/3杯	冰糖	少許

作 法

1. 枸杞泡水，沖水搓洗至少三次

2. 銀耳泡水約10分鐘，剪約2公分

3. 枇杷剝皮去子，切小塊備用

4. 預熱燜燒罐，預熱空罐1分鐘，將水倒出

5. 二次預熱，加入枇杷、銀耳及枸杞，預熱30秒，將水倒出

6. 加入沸水至八分滿，加入少許冰糖，略攪拌後燜煮30分鐘即可食用

Tips

1. 為避免農藥殘留,建議枸杞泡水及沖水搓洗三次後再為寶寶料理。

2. 也可以利用食物調理棒打成濃稠甜湯給寶寶食用。

125

奶香茶凍

─300ml─

建議食用階段：**10** 個月以上

無論是寶寶或幼兒，都不應給予食用含有咖啡因的茶，唯有麥茶是由培炒過的大麥泡煮而成，不含任何咖啡因，且香味四溢，除了直接泡飲品，也可做成冰涼的茶凍。

 材 料

洋菜	3g	米精	少許
大麥	20g	冰糖	少許
寶寶牛奶	適量		

 奶 醬 作 法

以少許米精加入寶寶牛奶調成微糊狀

作 法

1. 大麥洗淨置入泡茶袋內備用

2. 預熱燜燒罐，預熱空罐1分鐘，將水倒出

3. 二次預熱，加洋菜及大麥茶包，預熱30秒，將水倒出

4. 加入200cc沸水，加入少許冰糖，攪拌均勻後栓緊上蓋，燜煮30分鐘

5. 取出大麥茶包，略放涼後可盛至布丁杯中再置入冰箱冷藏約3至6個小時

6. 將完成的奶醬淋上茶凍即可食用

 Tips

取出大麥茶包後，也可不加蓋直接將燜燒罐置入冰箱冷藏。

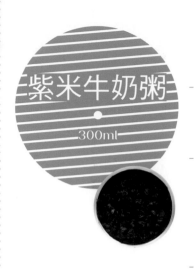

紫米牛奶粥

300ml

建議食用階段：1 歲以上

紫米富含鐵質，而且富含膳食纖維，簡單的紫米牛奶粥可提供飽足感。

 材 料

紫米	1/4杯
黑糖	適量
寶寶牛奶	適量

 作 法

1. 紫米洗淨備用

2. 預熱燜燒罐，預熱空罐1分鐘，將水倒出

3. 二次預熱，加入紫米，預熱30秒，將水倒出

4. 三次預熱，加入沸水淹過紫米1公分處，燜30分鐘，將水倒出

5. 注入沸水至八分滿，略攪拌後燜煮5小時

6. 倒出碗中，加入適量寶寶牛奶即可食用

 Tips

紫米不一定適合所有寶寶的腸胃，建議先以少量食用後再慢慢調整份量。

THERMOS. 膳魔師
QUALITY SINCE 1904
百年溫控專家

膳魔師食物燜燒罐
健康美味·隨食隨行
THERMOS®
Lifestyle Cooking

媽媽的愛心,補充成長所需營養

小寶寶 6 ～ 8 個月大,可愛的小牙齒也開始陸續冒了出來,
該是給他更多補給的時候了!每天只吃母奶或配方奶,
足夠滿足他成長期間的多種需求嗎?
製作副食品,會讓媽媽花費更多心思,
從營養、色彩、溫度、軟硬度,
多方考量設計,才能讓寶寶胃口大開,充分吸收!
有了百年溫控專家 THERMOS 膳魔師食物燜燒罐,
只需簡單 4 步驟,放料、預熱、加熱水、燜燒,
藉由媽媽的巧手精心準備,為小寶貝帶來充足的養分補給!

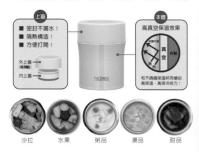

食物罐功能介紹

√燜煮(稀飯、麵條)　√保冰　√保鮮　√保冷　√保溫

沙拉　　水果　　粥品　　湯品　　甜品

THERMOS 膳魔師食物燜燒罐 (500ml)

明亮清爽的色澤,具有俐落時尚的外型。
8.4cm 的廣口設計,不僅食物放入容易,更
容易清洗。

JBM-500-G　　JBM-500-BK

THERMOS 膳魔師食物燜燒罐 (470ml)

風趣可愛的卡通造型,點出使用者的童心,
附加的膳魔師專利設計摺疊湯匙,搭配恰
到好處的容量,使用起來方便又輕巧。

SK3000KT-RB　　SK3000KT-WH

食物燜燒罐提袋

提袋背面附加筷子收納袋,方便攜帶餐具
隨時使用,以 ISOTEC 隔熱材料製成,如需
較長保溫時間,還能加強保溫效果。適用
於 300ml ～ 500ml 食物燜燒罐。

REC-001-G　　REC-001-BW

當孩子來到好動好玩的年紀，什麼事都想要自己來，
就讓百年溫控專家 THERMOS 膳魔師食物燜燒罐陪他們一起成長！
清甜爽口的水果、沁涼好吃的冰品及甜品、便利好做的粥品，
都是細心挑選的營養活力補給品，
在遊玩時適時補充，幫他們重新充電繼續學習！

F3004KT6　　F3002BF6　　B3001PK　　F3001BL(DRM)

THERMOS 膳魔師食物燜燒罐 (300ml)

豐富色彩多樣外型，讓孩子們愛不釋手。
輕巧好拿的尺寸，可以玩到哪帶到哪，拿
取方便又實用。

THERMOS® 膳魔師台灣區總代理
皇冠金屬工業股份有限公司

消費者服務專線：0800-251-030
膳魔師官方網站：www.thermos.com.tw
膳魔師官方粉絲團  膳魔師

膳魔師燜燒罐料理部落格

手機掃描 QR CODE

THERMOS 膳魔師官方網站

手機掃描 QR CODE

行動小廚房 3　燜燒罐的副食品指南

作　　　者　致！美好生活促進會
裝幀設計　黃畇嘉
攝　　　影　陳立偉
行銷企畫　夏瑩芳、王綬晨、邱紹溢、陳詩婷、張瓊瑜、李明瑾、郭其彬
主　　　編　王辰元
企劃主編　賀郁文
總編輯　趙啟麟
發行人　蘇拾平
出　　　版　啟動文化
　　　　　　台北市105松山區復興北路333號11樓之4
　　　　　　電話：（02）2718-2001　傳真：（02）2718-1258
　　　　　　Email:onbooks@andbooks.com.tw

發　　　行　大雁文化事業股份有限公司
　　　　　　台北市105松山區復興北路333號11樓之4
　　　　　　24小時傳真服務　（02）2718-1258
　　　　　　讀者服務信箱 Email:andbooks@andbooks.com.tw
　　　　　　劃撥帳號：19983379
　　　　　　戶名：大雁文化事業股份有限公司

香港發行　大雁（香港）出版基地‧里人文化
　　　　　　地址：香港荃灣橫龍街78號正好工業大廈22樓A室
　　　　　　電話：852-24192288　傳真：852-24191887
　　　　　　Email:anyone@biznetvigator.com

商品贊助　皇冠金屬（THERMOS膳魔師）

ISBN 978-986-91660-5-8
初版一刷　2015年05月
定　　　價　280元

歡迎光臨大雁出版基地官網www.andbooks.com.tw
訂閱電子報並填寫回函卡

國家圖書館出版品預行編目(CIP)資料

行動小廚房：燜燒罐的副食品指南 / 致!美好生活
促進會作. -- 初版. -- 臺北市：啟動文化出版：
大雁文化發行, 2015.05
　面；　公分
ISBN 978-986-91660-5-8(平裝)

1.育兒 2.小兒營養 3.食譜

428.3　　　　　　　　　　　　　　104008738

料理燜燒好幫手
抽獎活動

獎 項
THERMOS 膳魔師真空食物燜燒罐 500ml(市價 1,300 元，5 名)
THERMOS 膳魔師彩漾真空食物燜燒罐 500ml(市價 1,400 元，5 名)
THERMOS 膳魔師繽紛歐蕾真空食物燜燒罐 470ml(市價 1,450 元，3 名)
THERMOS 膳魔師真空食物燜燒罐 720ml(市價 1,850 元，4 名)

（隨機出貨，恕不挑色）

活 動 時 間
即日起至 2015 年 7 月 28 日止 (以郵戳為憑)。

公 佈
中獎訊息將於 2015 年 8 月 7 日同步公佈於【啟動文化臉書專頁】、
【大雁文化官網（www.andbooks.com.tw/）】，2015 年 8 月 11 日寄出抽
獎贈品。

※ 活動詳情請見「啟動文化」臉書專頁 www.facebook.com/onbooks

500ml   500ml   470ml   720ml

抽 獎 辦 法
請剪下活動頁截角，貼在明信片上，郵寄至 105 台北市
復興北路 333 號 11 樓之 4「致！美好生活促進會」收，
並註明真實姓名、聯絡電話、收件地址與 E-mail。（本
抽獎活動寄送限台澎金馬地區。）

料理燜燒 好幫手
抽獎活動

2015 年 7 月 28 日止
(以郵戳為憑)

THERMOS 膳魔師
QUALITY SINCE 1904